essentials

essentials liefern aktuelles Wissen in konzentrierter Form. Die Essenz dessen, worauf es als „State-of-the-Art" in der gegenwärtigen Fachdiskussion oder in der Praxis ankommt. *essentials* informieren schnell, unkompliziert und verständlich

- als Einführung in ein aktuelles Thema aus Ihrem Fachgebiet
- als Einstieg in ein für Sie noch unbekanntes Themenfeld
- als Einblick, um zum Thema mitreden zu können

Die Bücher in elektronischer und gedruckter Form bringen das Expertenwissen von Springer-Fachautoren kompakt zur Darstellung. Sie sind besonders für die Nutzung als eBook auf Tablet-PCs, eBook-Readern und Smartphones geeignet. *essentials:* Wissensbausteine aus den Wirtschafts-, Sozial- und Geisteswissenschaften, aus Technik und Naturwissenschaften sowie aus Medizin, Psychologie und Gesundheitsberufen. Von renommierten Autoren aller Springer-Verlagsmarken.

Weitere Bände in der Reihe http://www.springer.com/series/13088

Guido Walz

Gleichungen und Ungleichungen

Klartext für Nichtmathematiker

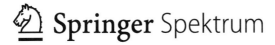 Springer Spektrum

Guido Walz
Darmstadt, Deutschland

ISSN 2197-6708   ISSN 2197-6716   (electronic)
essentials
ISBN 978-3-658-21668-9   ISBN 978-3-658-21669-6   (eBook)
https://doi.org/10.1007/978-3-658-21669-6

Die Deutsche Nationalbibliothek verzeichnet diese Publikation in der Deutschen Nationalbi-
bliografie; detaillierte bibliografische Daten sind im Internet über http://dnb.d-nb.de abrufbar.

Springer Spektrum
© Springer Fachmedien Wiesbaden GmbH, ein Teil von Springer Nature 2018

Gedruckt auf säurefreiem und chlorfrei gebleichtem Papier

Springer Spektrum ist ein Imprint der eingetragenen Gesellschaft Springer Fachmedien Wiesbaden
GmbH und ist ein Teil von Springer Nature
Die Anschrift der Gesellschaft ist: Abraham-Lincoln-Str. 46, 65189 Wiesbaden, Germany

Was Sie in diesem *essential* finden können

- Formeln zur Lösung von linearen und quadratischen Gleichungen
- Methoden zur Lösung von Wurzel- und Bruchgleichungen
- Strategien zur Lösung von linearen Ungleichungen und Bruchungleichungen

Einleitung

Das Lösen von Gleichungen ist ein allgegenwärtiges Problem, wenn man es mit Aufgabenstellungen aus den Naturwissenschaften, der Technik oder auch den Wirtschaftswissenschaften zu tun hat. Dabei muss es noch gar nicht um Höhere Mathematik gehen, auch schon einfache Gleichungen wie lineare oder quadratische können Probleme bereiten. Diesen Typen von Gleichungen werden wir uns im Folgenden widmen. Dabei geht es nicht nur um das bloße Lösen, sondern auch um das Behandeln von Gleichungen, die zunächst unzugänglich aussehen, sich aber nach geschicktem Umformen als einfach beherrschbare und vor allem lösbare herausstellen. Hierzu gehören die Bruch- und Wurzelgleichungen, die auf den folgenden Seiten behandelt werden.

Nicht ganz so oft wie Gleichungen, aber dennoch häufig genug trifft man auf das Problem, eine Ungleichung lösen zu müssen. Auch diese werden im Folgenden behandelt, insbesondere lineare Ungleichungen und Bruchungleichungen, die auf lineare führen.

Dieses Büchlein hilft Ihnen, indem es fertige Regeln zum Lösen der genannten Gleichungen und Ungleichungen präsentiert und indem es Gelegenheit bietet, diese anhand zahlreicher ausgewählter Beispiele einzuüben.

Da sich der Text laut Untertitel ausdrücklich (auch) an Nichtmathematiker (und ebenso natürlich Nichtmathematikerinnen) wendet, ist er bewusst in allgemein verständlicher Sprache gehalten, um die Leser nicht durch übertriebene Fachsprache abzuschrecken; schließlich soll es sich ebenfalls laut Untertitel um „Klartext" handeln. Beispielsweise werden wir von „Hochzahlen" sprechen statt von „Exponenten", und ebenso von „Unbekannten" anstelle von „Variablen".

Inhaltsverzeichnis

Gleichungen

1

1.1   Wie sieht eine Gleichung überhaupt aus?

Eine **Gleichung** besteht aus (mindestens) zwei Ausdrücken, die durch ein Gleichheitszeichen verbunden sind, hat also die Form

$$\text{Ausdruck}_1 = \text{Ausdruck}_2 .$$

Beispielsweise ist

$$2 + 2 = 4 \tag{1.1}$$

eine Gleichung, an der es eigentlich nichts auszusetzen gibt; außer natürlich, dass sie langweilig ist.

Man kann auch mehrere Ausdrücke in einer einzigen Gleichung verbinden – daher das eingeklammerte „mindestens" in der ersten Zeile –, z. B.

$$2 + 2 = 3 + 1 = 4 .$$

Das ist hilfreich, wenn man mehrere Umformungsschritte hintereinander durchführt, beispielsweise

$$(3 + 2) \cdot (9 - 3) = 5 \cdot 6 = 30 .$$

Aber auch das ist noch relativ langweilig.

Interessanter wird es, wenn die Gleichung eine Unbekannte – auf Fachchinesisch auch: Variable – enthält, also so etwas wie

© Springer Fachmedien Wiesbaden GmbH, ein Teil von Springer Nature 2018
G. Walz, *Gleichungen und Ungleichungen*, essentials,
https://doi.org/10.1007/978-3-658-21669-6_1

$$2 + x = 4 \tag{1.2}$$

oder auch so etwas Gruseliges wie

$$\frac{\sin(\log(\tan(x^{42})))}{3\sinh(2x) + 17} = \sqrt{42^{\cos(x)}}. \tag{1.3}$$

In diesen Fällen geht es darum, diejenigen Zahlen zu finden, die man für x einsetzen kann, so dass die Ausdrücke auf beiden Seiten des Gleichheitszeichens wirklich gleich sind.

Man nennt das **Lösen der Gleichung,** und die betreffenden x-Werte sinnigerweise die **Lösungen** der Gleichung. Die Zusammenfassung aller Lösungen einer Gleichung nennt man oft auch die **Lösungsmenge** dieser Gleichung.

Spätestens jetzt wird auch klar, warum ich oben Gleichungen wie (1.1) als langweilig bezeichnet habe: Hier gibt es nichts zu lösen, die Gleichung ist einfach nur richtig oder falsch.

Ich denke, wir können uns darauf einigen, dass Gl. 1.2 genau eine Lösung besitzt, nämlich $x = 2$.

Bevor Sie jetzt verzweifeln, weil Sie keine Ahnung haben, wie man Gl. 1.3 lösen sollte: Da geht es Ihnen wie mir, es war einfach nur ein extravagantes Beispiel, um die Spannung hoch zu halten.

Plauderei
Das Gleichheitszeichen „=" wurde 1557 von Robert Recorde in seinem Algebra-Lehrbuch „The Whetstone of Witte" eingeführt. Es soll zwei parallele Linien symbolisieren, denn nach Recordes Ansicht gibt es nichts Gleicheres als eben zwei parallele Linien („bicause noe 2 thynges can be moare equalle"). (Quelle: Lexikon der Mathematik)

1.2   Was darf man mit einer Gleichung anstellen, ohne ihre Lösungsmenge zu ändern?

Nun, zunächst einmal darf man jeden Ausdruck, der in einer Gleichung vorkommt, beliebig umformen, beispielsweise ausmultiplizieren oder zusammenfassen, solange man dadurch seinen Wert nicht ändert.

Beispielsweise sieht man der Gleichung

$$\frac{2 \cdot 17 - 24}{5} = (-5)^2 - \frac{46}{2} \tag{1.4}$$

nicht auf den ersten Blick an, ob sie wahr ist – ich jedenfalls nicht. Wenn man aber beide Ausdrücke ausrechnet, erhält man auf der linken Seite

$$\frac{2 \cdot 17 - 24}{5} = \frac{34 - 24}{5} = \frac{10}{5} = 2,$$

auf der rechten

$$(-5)^2 - \frac{46}{2} = 25 - 23 = 2.$$

Gl. 1.4 lautet also „eigentlich" nur $2 = 2$, ist also wahr.

Auch beim Lösen von Gleichungen, die eine Unbekannte enthalten, kann so etwas hilfreich sein: Die Gleichung

$$x + 3x + (2 \cdot 3)x + 7x = 17$$

sieht schon recht merkwürdig aus; wenn ich aber die linke Seite zusammenfasse, steht da einfach nur $17x$, die Gleichung lautet also vereinfacht:

$$17x = 17,$$

und hat die einzige Lösung $x = 1$.

Meist wird man aber beide Seiten der Gleichung manipulieren müssen, um ihre Lösung zu erkennen. Wenn Sie beispielsweise $x + 3 = 7$ lösen sollen, wird es eine gute Idee sein, auf beiden Seiten der Gleichung 3 abzuziehen. Das ergibt nämlich sofort $x = 4$, und das ist sicherlich auch die Lösung der Ausgangsgleichung.

Ganz so einfach wird es nicht immer sein, sehr oft muss man die Gleichung mehrfach verändern, um ans Ziel zu kommen. Was darf man denn nun aber – um den Titel des Kapitels noch mal aufzugreifen – mit einer Gleichung anstellen, ohne ihre Lösungsmenge zu ändern?

Regel
Die folgenden Manipulationen einer Gleichung ändern nicht ihre Lösungsmenge und dürfen somit beliebig oft angewendet werden:

- Hinzuzählen oder Abziehen derselben Zahl auf beiden Seiten der Gleichung
- Malnehmen beider Seiten der Gleichung mit derselben Zahl, die aber nicht
  null sein darf
- Teilen beider Seiten der Gleichung durch dieselbe Zahl, die aber nicht null
  sein darf

Beispiele hierzu finden Sie auf den nächsten Seiten zuhauf, insofern möchte ich
mich hier auf ein einziges beschränken: Zu lösen sei die Gleichung

$$x^2 + 3x - 84 = x^2 + x. \tag{1.5}$$

Ich ziehe auf beiden Seiten $x^2 + x$ ab und erhalte dadurch die bereits stark verein-
fachte Gleichung

$$2x - 84 = 0,$$

und wenn man jetzt noch auf beiden Seiten 84 addiert und anschließend beide
Seiten durch 2 teilt, steht die Lösung $x = 42$ explizit da. Und wenn Sie mir das
nicht glauben – was ich jederzeit verstehen könnte –, können Sie diesen Wert zur
Kontrolle in die Ausgangsgleichung (1.5) einsetzen; Sie erhalten auf beiden Seiten
dasselbe, nämlich 1806.

Besserwisserinfo
Gemäß obiger Regel gibt es beim Hinzuzählen oder Abziehen von Zahlen kei-
nerlei Einschränkungen, während das Malnehmen und Teilen mit bzw. durch
null nicht erlaubt ist. Warum ist das so?

Nun, das Hinzuzählen oder Abziehen der Zahl null auf beiden Seiten der
Gleichung ändert diese nicht im Geringsten, insofern verwundert es nicht
weiter, dass dieser Vorgang erlaubt ist. Ob er sehr zielführend für das Lösen
der Gleichung ist, sei einmal dahingestellt.

Das Malnehmen beider Seiten mit null verwandelt jede Gleichung sofort in
die neue Gleichung $0 = 0$. Diese hat zwar den Charme, dass sie richtig ist,

aber den Nachteil, dass die Lösung der ursprünglichen Gleichung hieraus nicht mehr ermittelbar ist, und das kann man auch nicht mehr rückgängig machen.

Schließlich ist das Teilen von irgendetwas durch null schlicht und ergreifend nicht erlaubt, das hat mit dem Lösen von Gleichungen im engeren Sinne gar nichts zu tun.

1.3 Lineare Gleichungen

Einige Typen von Gleichungen kommen immer wieder vor, daher gibt es für sie „fertige" Lösungsformeln; diese werden wir uns auf den folgenden Seiten genauer anschauen. Ich beginne mit den linearen Gleichungen.

Beispiel 1.1
Ein Autofahrer fährt mehrere Stunden lang mit konstanter Geschwindigkeit auf ebener Strecke (in einem Mathematikbuch geht so etwas). Aufgrund seiner schonenden Fahrweise verbraucht das Auto nur 5 L Benzin auf 100 km Strecke, also 0,05 L/km. Zu Beginn der Fahrt wurde der Tank mit 40 L Benzin gefüllt. Fasst man das zusammen, erhält man die „Benzinfunktion"

$$b(x) = 40 - 0,05 \cdot x,$$

die angibt, wie viel Liter Benzin nach x gefahrenen Kilometern noch im Tank sind.

Nach ein paar Stunden keimt in dem Fahrer der Verdacht auf, dass der Tank bald leer sein könnte, und er möchte ausrechnen, wann das der Fall sein wird. Wie kann er das machen? Nun, „Tank leer" heißt nichts anderes, als dass die Benzinfunktion den Wert null hat; es ist also die Gleichung

$$40 - 0,05 \cdot x = 0 \tag{1.6}$$

zu lösen.

Weil x hier ~~linear~~ „einfach so" daherkommt, also ohne Hochzahl, Wurzel oder sonstiges störendes Beiwerk, nennt man so etwas eine lineare Gleichung ∎

Definition 1.1 Eine Gleichung der Form

$$mx + d = 0$$

mit reellen Zahlen m und d, wobei m nicht null sein darf, nennt man
lineare Gleichung.

Ein erstes Beispiel einer solchen linearen Gleichung haben Sie in (1.6) schon gesehen: dort war $m = -0,05$ und $d = 40$. Weitere Beispiele folgen gleich.

Besserwisserinfo
Die Forderung, dass $m \neq 0$ sein soll, ist sicher sinnvoll, denn wenn $m = 0$
ist, reduziert sich die Gleichung auf

$$d = 0,$$

und das ist entweder falsch, wenn d nicht null ist, oder nichtssagend.

Das Schöne an linearen Gleichungen ist, dass sie stets eine – und zwar genau eine –
Lösung besitzen, und dass man diese ohne allzuviel Rechnung angeben kann; und
genau das will ich jetzt tun.

Regel
Die lineare Gleichung $mx + d = 0$ hat die Lösung

$$x_1 = -\frac{d}{m}.$$

Allzuviel gibt es hier zur Herleitung nicht zu sagen: Man zieht zunächst auf beiden
Seiten der Gleichung d ab und teilt anschließend durch m. Und schon steht die
angegebene Lösungsformel da.

Besserwisserinfo
Sie sollten sich bei allem, was Sie in Ihrem mathematischen Leben machen (was auch immer das genau sein soll), fragen, ob Sie nicht gerade etwas streng Verbotenes tun, beispielsweise durch null dividieren oder die Wurzel aus einer negativen Zahl ziehen.

Beides passiert hier nicht: Dividiert wird hier nur durch die Zahl m, die darf laut Definition der linearen Gleichung nicht null sein, und von einer Wurzel ist hier weit und breit nichts zu sehen.

Beispiel 1.2

a. In der linearen Gleichung

$$2x + 5 = 0$$

ist $m = 2$ und $d = 5$. Folglich ist ihre Lösung

$$x_1 = -\frac{5}{2}.$$

Setzen Sie das zur Kontrolle ruhig mal in die Gleichung ein, bei mir weiß man nie.

b. Die Gleichung

$$3x - 7 = 0$$

hat die Lösung

$$x_1 = -\frac{-7}{3},$$

was man wegen der guten alten Regel „Minus mal Minus ergibt Plus" noch etwas schöner hinschreiben kann als

$$x_1 = \frac{7}{3}.$$

c. Die Gleichung

$$2x + 5 = 47 - x$$

muss man sich erst ein wenig zurechtlegen: Addition von x und Subtraktion von 47 auf beiden Seiten macht daraus im Handumdrehen die lineare Gleichung

$$3x - 42 = 0.$$

Sie hat die Lösung

$$x_1 = -\frac{-42}{3} = \frac{42}{3} = 14,$$

und dieser Wert ist damit auch Lösung der Ausgangsgleichung.   ∎

Beispiel 1.3
Wir sollten endlich den Autofahrer aus Beispiel 1.1 erlösen und ausrechnen, wie
weit sein Benzin reicht. Dazu müssen wir die dort aufgestellte Gleichung

$$40 - 0,05 \cdot x = 0$$

lösen. Mit dem gerade erworbenen neuen Wissen ist das aber leicht: Hier ist
$m = -0,05$ und $d = 40$, also

$$x_1 = -\frac{40}{-0,05}.$$

Und jetzt? Nun man kann beispielsweise den Wert $-0,05$ umschreiben in $-\frac{5}{100}$ und
dann verschärfe Bruchrechnung anwenden: Die gute alte Regel: „Man teilt durch
einen Bruch, indem man mit seinem Kehrwert malnimmt" führt auf

$$x_1 = -\frac{40}{-\frac{5}{100}} = -\frac{40 \cdot 100}{-5} = -\frac{4000}{-5} = 800.$$

Man kann allerdings auch den Taschenrechner bemühen ... In jedem Fall erhält man
das Ergebnis, dass das Benzin für insgesamt 800 km reicht.   ∎
    Viel mehr fällt mir zu linearen Gleichungen eigentlich nicht ein, gehen wir daher
direkt zu den etwas anspruchsvolleren quadratischen Gleichungen über.

1.4   Quadratische Gleichungen

1.4.1   Erste Beispiele

Um es gleich vorweg zu sagen: Die Bezeichnung „quadratische Gleichung" ist
streng genommen nicht ganz korrekt, die Gleichung selbst ist natürlich nicht qua-
dratisch (sondern eher breit gestreckt), ebenso wenig wie der elektrische Lokomo-
tivführer durch Strom angetrieben wird. Der Name kommt vielmehr daher, dass
bei solchen Gleichungen das x nicht nur linear daherkommt, sondern auch mit der
Hochzahl 2. Die Gleichung enthält also den Ausdruck „x hoch zwei" oder eben „x
Quadrat".

Wie sieht eine quadratische Gleichung nun aber genau aus? Dazu zunächst ein Beispiel aus der Welt der Textaufgaben.

Beispiel 1.4
Ein rechteckiges Grundstück hat die Fläche 351 qm und den Umfang 80 m. Kann man mit diesen Angaben bereits die Seitenlängen des Grundstücks berechnen?

Um diese Frage zu beantworten sollten wir den beiden Seitenlängen zunächst einmal Namen verpassen, nennen wir sie doch x und y. Da die Fläche eines Rechtecks gerade das Produkt der Seitenlängen ist, weiß ich aus der ersten Angabe, dass

$$x \cdot y = 351$$

ist – wobei ich in bester Mathematikermanier die Einheiten gleich mal weggelassen habe.

Um den Umfang des Rechtecks zu bestimmen, muss man das Doppelte der Seitenlängen nehmen und aufaddieren; also ist

$$2x + 2y = 80.$$

Nun haben wir also zwei Gleichungen mit zwei Unbekannten; unschöne Sache. Um das möglichst auf eine Gleichung mit nur einer Unbekannten zu reduzieren, löse ich zunächst die zweite nach einer der Unbekannten, sagen wir nach y, auf. In zwei Schritten geht das so: Man teilt zunächst beide Seiten durch 2, das ergibt

$$x + y = 40,$$

und subtrahiert anschließend auf beiden Seiten x, was auf

$$y = 40 - x$$

führt. In Worten: y ist dasselbe wie $40 - x$, und deshalb kann ich in der ersten Gleichung y durch $40 - x$ ersetzen, ohne etwas kaputtzumachen. Das ergibt

$$x \cdot (40 - x) = 351.$$

Wenn man jetzt noch die linke Seite ausmultipliziert und die 351 auf die linke Seite schaufelt, erhält man die Gleichung

$$-x^2 + 40x - 351 = 0. \qquad (1.7)$$

Das ist mein erstes Beispiel einer quadratischen Gleichung. Die Antwort auf die eingangs gestellte Frage, ob man die Seitenlängen des Rechtecks berechnen kann, lautet nun ganz klar: „Kommt drauf an." Wenn man quadratische Gleichungen lösen kann, ja, ansonsten nein. Spätestens ein paar Seiten weiter wird Ihre Antwort also „ja" lauten.   ∎

Ich habe noch eine ganze Reihe weiterer Beispiele für Sie, aber zunächst einmal sollte ich mal genau aufschreiben, was eine quadratische Gleichung ist. So etwas nennt man eine Definition.

Definition 1.2
- Eine Gleichung der Form

$$ax^2 + bx + c = 0$$

  mit reellen Zahlen a, b und c, wobei a nicht null sein darf, nennt man **quadratische Gleichung.**
- Eine Gleichung der Form

$$x^2 + px + q = 0$$

  mit reellen Zahlen p und q nennt man **quadratische Gleichung in Normalform.**

Eine quadratische Gleichung hat also Normalform, wenn ~~der Koeffizient~~ die Zahl vor dem x^2 gleich 1 ist (und somit gar nicht explizit hingeschrieben wird). Warum man dann die anderen beiden Zahlen in p bzw. q umbenennt, sollten Sie weder sich noch mich fragen, das hat sich eben so eingebürgert.

Beispiel 1.5
a. Die Gleichung
$$2x^2 + 3x - 2 = 0 \tag{1.8}$$
   ist eine quadratische Gleichung mit $a = 2$, $b = 3$ und $c = -2$.
b. Die Gleichung
$$-x^2 + 40x - 351 = 0$$

aus dem Eingangsbeispiel ist ein quadratische Gleichung mit $a = -1, b = 40$ und $c = -351$. Sie hat **keine** Normalform, was an dem unscheinbaren Minuszeichen vor x^2 liegt.

c. Die Gleichung

$$x^2 - 2x - 3 = 0 \qquad (1.9)$$

ist eine quadratische Gleichung in Normalform mit $p = -2$ und $q = -3$.

d. Die Gleichung

$$3x^2 - \sqrt{x} + 5 = 0$$

ist hingegen (wegen der Wurzel) **keine** quadratische Gleichung. ∎

Besserwisserinfo
Die Forderung, dass $a \neq 0$ sein soll, ist auch hier sinnvoll, denn wenn $a = 0$ ist, reduziert sich die Gleichung auf

$$bx + c = 0,$$

also eine lineare Gleichung, und lineare Gleichungen ~~sind langwei~~ haben wir uns weiter vorne schon angeschaut.

Die anderen beiden Koeffizienten b und c (bzw. p und q) können dagegen durchaus null sein; dass das sogar Vorteile haben kann, zeigen folgende Beispiele.

Beispiel 1.6

a. Die so ziemlich armseligste quadratische Gleichung, die mir einfällt, ist

$$x^2 = 0. \qquad (1.10)$$

Hier sind also b und c gleichzeitig null. Immerhin lässt sie sich leicht lösen: Hier wird eine Zahl x gesucht, die quadriert, also mit sich selbst multipliziert, null ergibt. Das leistet aber nur eine Zahl, nämlich $x = 0$. Das ist also die einzige Lösung der quadratischen Gl. 1.10.

b. Nicht sehr viel anspruchsvoller ist die Gleichung

$$2x^2 - 8 = 0. \qquad (1.11)$$

Hier ist also $a = 2$, $b = 0$ und $c = -8$. Das Wesentliche daran ist, dass $b = 0$ ist, denn dadurch lässt sich die Gleichung leicht lösen: Division durch 2 und anschließende Addition der Konstanten 4 auf beiden Seiten formt (1.11) um in

$$x^2 = 4. \tag{1.12}$$

Sicherlich haben Sie schon gesehen, dass $x_1 = 2$ eine Lösung dieser Gleichung ist, aber Achtung! Es gibt noch eine zweite Lösung, nämlich $x_2 = -2$, denn wegen der bereits zitierten Regel „Minus mal Minus ergibt Plus" ist $(-2) \cdot (-2) = 4$. Gl. 1.12 und damit auch Gl. 1.11 hat also zwei verschiedene Lösungen, nämlich $x_1 = 2$ und $x_2 = -2$.

c. Auch bei der Gleichung

$$x^2 + 9 = 0$$

ist $b = 0$, das nützt aber für die Lösung nicht viel: Bringt man die 9 auf die rechte Seite, erhält man

$$x^2 = -9.$$

Eine Lösung dieser Gleichung (und damit auch der Ausgangsgleichung) wäre also eine Zahl x, die mit sich selbst multipliziert etwas Negatives ergibt. So etwas gibt es aber nicht, zumindest nicht im Bereich der reellen Zahlen, in dem wir uns hier bewegen. Daher ist diese Gleichung, so harmlos sie auch aussieht, unlösbar.

d. Sie sollten auch einmal ein Beispiel für den Fall $c = 0$ sehen; wie wär's hiermit:

$$x^2 + 3x = 0. \tag{1.13}$$

Jetzt kommt ein kleiner Trick, den Sie immer anwenden können, wenn $c = 0$ ist: Ich klammere auf der linken Seite den Faktor x aus und erhalte dadurch

$$x \cdot (x + 3) = 0.$$

Nun ist ein Produkt genau dann gleich null, wenn mindestens einer der Faktoren gleich null ist. Daher ist der Ausdruck $x \cdot (x + 3)$ gleich null, wenn entweder $x = 0$ oder $x = -3$ ist. Und somit hat die Gl. 1.13 die beiden Lösungen $x_1 = 0$ und $x_2 = -3$. ∎

Jede quadratische Gleichung kann in Normalform gebracht werden, indem man beide Seiten der Gleichung durch a dividiert (wobei sich auf der rechten Seite

nichts ändert, denn null durch a ist eben null, da kann a so groß sein wie es will).
Die konkrete Rechenregel dafür lautet so:

Regel

Jede quadratische Gleichung

$$ax^2 + bx + c = 0$$

lässt sich in Normalform

$$x^2 + px + q = 0$$

bringen, indem man setzt:

$$p = \frac{b}{a} \text{ und } q = \frac{c}{a}.$$

Wie gesagt, hier ist nichts weiter passiert, als dass man jeden einzelnen Summanden durch a dividiert hat. So lautet beispielsweise die Normalform der Gl. 1.8:

$$x^2 + \frac{3}{2}x - 1 = 0. \tag{1.14}$$

Ebenso wie weiter vorne bei der Lösung der linearen Gleichung ist auch hier zu betonen, dass man durch a hemmungslos dividieren darf, da es als ungleich null vorausgesetzt ist.

Da man nun also jede quadratische Gleichung in Normalform bringen kann, bräuchte man eigentlich gar keine Formel zur Bestimmung der Lösung einer allgemeinen quadratischen Gleichung, es würde genügen, die quadratische Gleichung in Normalform lösen zu können. Das ist auch durchaus richtig, und nicht wenige Mathematiker – mich eingeschlossen – befassen sich grundsätzlich nur mit Gleichungen in Normalform und deren Lösung durch die sogenannte p-q-Formel, die ich Ihnen weiter unten zeigen werde.

Der Vollständigkeit halber, und weil die Formel zur Lösung der allgemeinen Gleichung einen so schönen Namen hat, will ich Ihnen diese im nächsten Abschnitt aber doch kurz vorstellen.

1.4.2 Die Mitternachtsformel

Die folgende Infobox gibt vollständige Auskunft darüber, wie viele Lösungen eine quadratische Gleichung haben kann, und wie man diese ggf. berechnet. Sie beinhaltet insbesondere die sogenannte **Mitternachtsformel** (1.15); sie ist auch unter der sehr profanen und bei weitem nicht so schönen Bezeichnung a-b-c-Formel bekannt.

Besserwisserinfo
Eine quadratische Gleichung

$$ax^2 + bx + c = 0$$

hat entweder gar keine, eine oder zwei verschiedene Lösungen.

Um herauszufinden, welche dieser Situationen vorliegt, und die Lösungen ggf. zu berechnen, bestimmt man zunächst die Zahl

$$D = b^2 - 4ac.$$

- Ist D negativ, so hat die quadratische Gleichung keine Lösung.
- Ist D gleich null, so hat die quadratische Gleichung genau eine Lösung, nämlich

$$x_1 = -\frac{b}{2a}.$$

- Ist D positiv, so hat die quadratische Gleichung zwei verschiedene Lösungen x_1 und x_2, die man mithilfe der **Mitternachtsformel**

$$x_1 = \frac{-b + \sqrt{D}}{2a} \text{ und } x_2 = \frac{-b - \sqrt{D}}{2a}$$

berechnen kann. Meist fasst man das in der Kurzschreibweise

$$x_{1/2} = \frac{-b \pm \sqrt{D}}{2a} \tag{1.15}$$

zusammen.

Plauderei
Die Mitternachtsformel wird so genannt, weil nach Meinung vieler Leute jeder Schüler (und Student) sie auswendig aufsagen können muss, wenn man ihn um Mitternacht weckt. Wie oben schon gesagt bin ich nicht unbedingt dieser Meinung, denn die leichter zu merkende p-q-Formel tut's auch.

Ich denke, nur die ~~Nerds~~ Mathematikbegeisterten unter Ihnen können sich an Formeln wie (1.15) wirklich erfreuen, und vermutlich fällt Ihnen spontan auch so Einiges ein, was Sie um Mitternacht lieber tun würden, als diese Formel zu rezitieren. Ich mache daher nur ein Beispiel und gehe dann gleich über zur p-q-Formel, die zumindest ein klein wenig kompakter ist als die Mitternachtsformel.

Beispiel 1.7
a. Schauen wir uns als Erstes die Gleichung

$$2x^2 + 3x - 2 = 0 \qquad (1.16)$$

aus Beispiel 1.5 an. Hier ist $a = 2$, $b = 3$ und $c = -2$, das liefert den Wert

$$D = 3^2 - 4 \cdot 2 \cdot (-2) = 9 + 16 = 25,$$

und da 25 aber *so was* von positiv ist, wissen wir, dass die Gleichung zwei Lösungen hat. Die Mitternachtsformel liefert

$$x_1 = \frac{-3 + \sqrt{25}}{2 \cdot 2} = \frac{2}{4} = \frac{1}{2} \text{ und } x_2 = \frac{-3 - \sqrt{25}}{2 \cdot 2} = \frac{-8}{4} = -2.$$

Gl. 1.16 hat also die beiden Lösungen $x_1 = \frac{1}{2}$ und $x_2 = -2$. Wenn Sie das nicht glauben – was ich sofort verstehen würde, denn ich verrechne mich andauernd –, so können Sie es leicht überprüfen, indem Sie diese Werte in die linke Seite der Gleichung einsetzen; versuchen Sie es ruhig einmal, ich warte hier so lange.

b. Für die gegenüber (1.16) nur leicht veränderte Gleichung

$$2x^2 + 3x + 2 = 0 \qquad (1.17)$$

ergibt sich der Wert

$$D = 3^2 - 4 \cdot 2 \cdot 2 = 9 - 16 = -7,$$

also eine negative Zahl. Die eigentlich recht harmlos aussehende Gl. 1.17 ist also unlösbar.   ∎

Beispiel 1.8

Ich hatte am Ende von Beispiel 1.4 versprochen, dass Sie „ein paar Seiten weiter" in der Lage sein werden, die Seitenlängen zu berechnen, indem Sie Gl. 1.7 lösen können; und das ist jetzt soweit.

Zu lösen ist also
$$-x^2 + 40x - 351 = 0.$$

Hier ist also $a = -1$, $b = 40$ und $c = -351$, und somit

$$D = 40^2 - 4 \cdot (-1) \cdot (-351) = 1600 - 1404 = 196,$$

also positiv. Daher hat die Gleichung zwei verschiedene Lösungen, nämlich

$$x_1 = \frac{-40 + \sqrt{196}}{-2} = \frac{-40 + 14}{-2} = 13$$

und

$$x_2 = \frac{-40 - \sqrt{196}}{-2} = 27.$$

Die jeweils zugehörige andere Seitenlänge y erhält man durch den im Beispiel ermittelten Zusammenhang $y = 40 - x$, es ist

$$y_1 = 40 - x_1 = 27 \text{ und } y_2 = 40 - x_2 = 13.$$

Und jetzt sieht man auch, dass die Seitenlängen des Rechtecks in Wirklichkeit eindeutig bestimmt sind, sie lauten 13 und 27, denn welche Seite ich x und welche ich y nenne, ist natürlich meine eigene künstlerische Freiheit.   ∎

Das war's auch schon mit den allgemeinen quadratischen Gleichungen, ich wende mich jetzt (und Sie tun das notgedrungen auch, schließlich haben Sie für dieses Buch Geld bezahlt) der p-q-Formel zu.

1.4.3 Die *p-q*-Formel

Ohne allzuviel Vorrede wil ich Ihnen nun gleich die p-q-Formelzur Lösung quadratischer Gleichungen in Normalform präsentieren. Da Sie weiter vorne bereits gesehen haben, dass man jede quadratische Gleichung leicht in Normalform bringen kann, heißt das nichts Anderes, als das man diese Formal zur Lösung jeder quadratischen Gleichung nutzen kann.

Regel
Eine quadratische Gleichung in Normalform

$$x^2 + px + q = 0$$

hat entweder gar keine, eine oder zwei verschiedene Lösungen.
Um herauszufinden, welche dieser Situationen vorliegt, und die Lösungen ggf. zu berechnen, bestimmt man zunächst die Zahl

$$d = \frac{p^2}{4} - q.$$

- Ist d negativ, so hat die quadratische Gleichung keine Lösung.
- Ist d gleich null, so hat die quadratische Gleichung genau eine Lösung, nämlich

$$x_1 = -\frac{p}{2}.$$

- Ist d positiv, so hat die quadratische Gleichung zwei verschiedene Lösungen x_1 und x_2, die man mithilfe der p-q-**Formel**

$$x_1 = -\frac{p}{2} + \sqrt{d} \quad \text{und} \quad x_2 = -\frac{p}{2} - \sqrt{d}$$

berechnen kann. Meist fasst man das in der Kurzschreibweise

$$x_{1/2} = -\frac{p}{2} \pm \sqrt{d} \tag{1.18}$$

zusammen.

Ja, ich *weiß*, dass das Ganze der Mitternachtsformel sehr ähnlich ist, und ich gebe auch zu, dass ich hier mit copy-and-paste gearbeitet habe, man muss ja vorankommen. Aber beachten Sie: Die p-q-Formel will ich Ihnen als Regel ans Herz legen, denn die sollten Sie meiner Meinung und Erfahrung nach benutzen; die Mitternachtsformel dagegen habe ich als Besserwisserinfo. formuliert.

Plauderei

In Malerei, Musik, Architektur und vielen anderen Bereichen spielt der **Goldene Schnitt** eine wichtige Rolle. In der Sprache der Geometrie kann man ihn wie folgt beschreiben: Ein Rechteck ist nach dem Goldenen Schnitt konstruiert, wenn das Verhältnis der längeren Seite zur kürzeren dasselbe ist wie das der Summe der beiden Seitenlängen zur längeren.
Noch irgendwelche Fragen? Vermutlich.

Sicherlich hilft ein Blick auf Abb. 1.1. Hier habe ich ein Rechteck gezeichnet, die längere Seite mit x und die kürzere mit y benannt. Die obige Forderung bedeutet nun in Formeln:

$$\frac{x}{y} = \frac{x+y}{x}. \tag{1.19}$$

Da es nur auf das Längenverhältnis der beiden Seiten ankommt, darf ich eine davon normieren und tue das, indem ich die Länge der kürzeren Seite mit 1 bezeichne, also $y = 1$ setze. Das macht aus (1.19) die schon sehr viel freundlicher aussehende Gleichung

$$\frac{x}{1} = \frac{x+1}{x}.$$

Multipliziert man hier mit x durch und lässt den ohnehin unnötigen Nenner 1 weg, ergibt sich die äquivalente Gleichung

$$x^2 = x + 1,$$

und bringt man nun noch alles auf die linke Seite, erhält man die quadratische Gleichung in Normalform

$$x^2 - x - 1 = 0. \tag{1.20}$$

Der Wert d aus der p-q-Formel ist hier gleich

$$d = \frac{1}{4} - (-1) = \frac{1}{4} + 1 = \frac{5}{4},$$

also positiv. Somit gibt es zwei verschieden Lösungen der quadratischen Gl. 1.20, nämlich

$$x_1 = \frac{1}{2} + \sqrt{\frac{5}{4}} \approx 1,618 \text{ und } x_2 = \frac{1}{2} - \sqrt{\frac{5}{4}} \approx -0,618.$$

Da negative Seitenlängen bei Rechtecken eher ungewöhnlich sind, erhält man als einzig sinnvolle Lösung des Problems $x_1 = 1,618$....

Falls Sie vergessen haben sollten, welches Problem wir hier eigentlich gelöst haben (was ich gut verstehen könnte), hier noch einmal in Kurzfassung: Die Frage war, in welchem Verhältnis die beiden Seiten eines nach dem Goldenen Schnitt konstruiertem Rechtecks stehen müssen; und die Antwort lautet: Die längere Seite muss etwa $1,618$-mal so lang sein wie die kürzere.

Übrigens ist das Rechteck in Abb. 1.1 tatsächlich nach diesem Prinzip gezeichnet. Derartige Figuren gelten als besonders schön. (Nein, darüber will ich jetzt nicht streiten.) Beispielsweise ist das Parthenon auf der Akropolis in Athen nach dem Goldenen Schnitt gebaut – wobei man nicht weiß, ob die Erbauer dieses Konstruktionsprinzip mit Absicht angewendet haben oder ob sie eher intuitiv einen „schönen" Grundriss wählten.

Abb. 1.1 Ein Rechteck

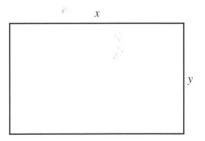

Nun aber genug der Plauderei, es folgen ein paar Beispiele zur p-q-Formel, denn um mathematische Inhalte zu erlernen, gibt es nichts Besseres als üben, üben und im Zweifelsfall nochmals üben.

Beispiel 1.9

a. Zu lösen ist die quadratische Gleichung

$$x^2 + x - 2.$$

Hier ist also $p = 1$ und $q = -2$. Somit ist

$$d = \frac{1}{4} - (-2) = \frac{1}{4} + 2 = \frac{9}{4},$$

und da $\frac{9}{4}$ positiv ist, ist mit zwei verschiedenen Lösungen der quadratischen Gleichung zu rechnen. Diese lauten

$$x_1 = -\frac{1}{2} + \sqrt{\frac{9}{4}} = -\frac{1}{2} + \frac{3}{2} = 1 \text{ und } x_2 = -\frac{1}{2} - \frac{3}{2} = -2.$$

b. Die zweite Gleichung, die wir uns anschauen wollen, ist

$$x^2 - 3x = 0. \tag{1.21}$$

Möglicherweise erinnern Sie sich noch an Beispiel 1.6 d und sehen daher, dass man auf der linken Seite x ausklammern kann und so die Gleichung in die Form

$$x(x - 3) = 0$$

bringt. Hieran wiederum kann man direkt ablesen, dass die Gleichung die beiden Lösungen $x_1 = 3$ und $x_2 = 0$ hat, denn dafür wird auf der linken Seite jeweils einer der Faktoren null.

Aber genau das will ich jetzt erst mal nicht wissen (ältere Mathematiker können ganz schön bockig sein), sondern ohne weiteres Nachdenken die p-q-Formel auf (1.21) werfen. Das ist nicht ganz so sinnlos, wie es vielleicht scheint: In einer Stresssituation, wie beispielsweise einer Prüfung, kann es durchaus sein, dass Sie die gerade gezeigte Zerlegungsmöglichkeit eben *nicht* sehen, und dann hilft es, wenn man sich an etwas Sicherem wie der p-q-Formel festhalten kann.

Hier ist nun also $p = -3$ und $q = 0$, und somit

$$d = \frac{(-3)^2}{4} - 0 = \frac{9}{4} > 0.$$

Die somit zu erwartenden beiden Lösungen der Gleichung lauten

$$x_1 = -\frac{-3}{2} + \sqrt{\frac{9}{4}} = \frac{3}{2} + \frac{3}{2} = 3 \text{ und } x_2 = -\frac{-3}{2} - \sqrt{\frac{9}{4}} = \frac{3}{2} - \frac{3}{2} = 0,$$

in voller Übereinstimmung mit dem eingangs erhaltenen Resultat.

c. Nun geht es um die quadratische Gleichung

$$x^2 - 6x + 9 = 0 \qquad (1.22)$$

Ich denke, ich kann es mir inzwischen sparen, p und q noch mal explizit zu benennen, das ~~wird mir langsam lästig~~ haben Sie inzwischen selbst drauf. Für d erhalte ich den Wert

$$d = \frac{(-6)^2}{4} - 9 = \frac{36}{4} - 9 = 0.$$

Gl. 1.22 hat also gemäß der p-q-Formel nur eine Lösung, nämlich

$$x_1 = -\frac{-6}{2} = 3.$$

Besserwisserinfo
Vielleicht kennen Sie ja die binomische Formel, auch wenn ich die in diesem Text bisher mit keinem Wort erwähnt habe. Wenn dem so ist, können Sie sie einmal auf die linke Seite der Gl. 1.22 anwenden; Sie erhalten dadurch den Ausdruck $(x - 3)^2$, die Gleichung ist also ~~äquivalent zu~~ gleichbedeutend mit

$$(x - 3)^2 = 0.$$

In dieser Form sieht man der Gleichung aber mit bloßem Auge an, dass sie die einzige Lösung $x = 3$ hat.
   Wir haben also zwei verschiedene Möglichkeiten gefunden, (1.22) zu lösen; es gibt Schlimmeres.

d. Kein Mensch hat behauptet, dass die in einer Gleichung auftretenden Zahlen immer ganze Zahlen sein müssen. Hierzu die folgenden beiden Beispiele. Zu lösen ist die quadratische Gleichung

$$x^2 - 3x + \frac{11}{4} = 0. \qquad (1.23)$$

Hier ist

$$d = \frac{9}{4} - \frac{11}{4} = -\frac{1}{2},$$

also negativ. Deshalb ist das mit dem „Zu lösen ist" so eine Sache: Die quadratische Gl. 1.23 ist nicht lösbar.

e. So sollte man nicht aufhören, zum Abschluss dieses Beispiels daher noch eine lösbare Gleichung. Allerdings ohne ganzzahlige Koeffizienten:

$$x^2 + \frac{5}{12}x - \frac{1}{6} = 0. \tag{1.24}$$

Hier werden wir uns also ein wenig mit Bruchrechnung herumschlagen müssen. Keine Sorge, ich bin bei Ihnen – falls es nicht gerade diese Tatsache ist, die Ihnen Sorge bereitet.

Das Schlimmste ist hier vermutlich, den Wert d zu berechnen; bringen wir's also hinter uns. Zunächst ist

$$d = \frac{25}{144 \cdot 4} - (-\frac{1}{6}),$$

denn $5^2 = 25$ und $12^2 = 144$. Die hinteren beiden Minuszeichen „heben sich weg", wie meine Kinder sagen würden; außerdem dürfte es eine gute Idee sein, das Ganze auf einen gemeinsamen Bruchstrich (mit Nenner $144 \cdot 4 = 576$) zu bringen. Das ergibt

$$d = \frac{25}{576} + \frac{1}{6} = \frac{25}{576} + \frac{96}{576} = \frac{121}{576}$$

Was auch immer das genau sein mag, es ist auf jeden Fall eine positive Zahl, und daher hat Gl. 1.24 zwei Lösungen. Diese lauten

$$x_1 = -\frac{5}{24} + \sqrt{\frac{121}{576}} = -\frac{5}{24} + \frac{11}{24} = \frac{6}{24} = \frac{1}{4}$$

und

$$x_2 = -\frac{5}{24} - \sqrt{\frac{121}{576}} = -\frac{5}{24} - \frac{11}{24} = -\frac{16}{24} = -\frac{2}{3}.$$

Falls Sie übrigens nicht sofort gesehen haben, dass die Wurzel aus 576 gerade 24 ist: Da geht es Ihnen wie mir. Das macht aber nichts, einfach mal mit dem Taschenrechner draufhalten! In Übungen oder Prüfungen kommen da meist glatte Werte heraus, Ihre Dozenten haben ja auch keine Lust, ständig „krumme" Werte nachzurechnen. ∎

1.4.4 Quadratische Gleichungen, denen man das nicht gleich ansieht

Manchmal treten quadratische Gleichungen versteckt auf, d.h., eine zunächst vielleicht sehr viel komplizierter aussehende Gleichung lässt sich auf eine quadratische Gleichung reduzieren. In diesem kurzen Abschnitt will ich Ihnen drei Situationen vorstellen, in denen so etwas typischerweise auftritt.

Die erste Situation will ich anhand eines Beispiels zeigen: Zu lösen ist die Gleichung

$$x(x+1)(x+2) = x^3 + 2x^2 - 1.$$

Auf den ersten Blick kaum machbar, denn hier taucht sogar die Hochzahl 3 auf, die Gleichung scheint also weit davon entfernt zu sein, eine quadratische Gleichung zu sein. Aber das scheint eben nur so; wenn man die linke Seite ausmultipliziert und nach x-Potenzen sortiert, erhält man die Gleichung

$$x^3 + 3x^2 + 2x = x^3 + 2x^2 - 1.$$

(Nicht verzweifeln: Ich habe das auch nicht in einem Schritt gemacht, ein wenig Nebenrechnung war hier nötig). Nun zieht man auf beiden Seiten x^3 ab, das ergibt

$$3x^2 + 2x = 2x^2 - 1.$$

Das sieht doch schon erheblich freundlicher aus, denn die Hochzahl 3 ist komplett verschwunden. Nun bringe ich noch alles auf die linke Seite der Gleichung, indem ich auf beiden Seiten $2x^2$ abziehe und 1 addiere; ich erhalte

$$x^2 + 2x + 1 = 0,$$

also eine quadratische Gleichung reinsten Wassers, und sogar freundlicherweise schon in Normalform. Sie hat die einzige Lösung $x_1 = -1$, wie Sie beispielsweise mithilfe der p-q-Formel nachvollziehen können.

Und warum sieht man das dieser Gleichung nicht gleich an, wie es in der Überschrift schon gesagt wurde? Weil hier zunächst noch größere Hochzahlen als die 2 auftauchen und die Gleichung dadurch zunächst nicht wie eine quadratische aussieht. Da sich die Ausdrücke mit diesen größeren Hochzahlen aber glücklicherweise auf beiden Seiten die Waage halten, fallen sie beim Glätten der Gleichung weg und es bleibt eben doch nur eine quadratische Gleichung übrig.

Hierzu gleich noch ein Beispiel. Auch die Gleichung

$$\frac{1}{2}x(x^2 - 1)(3 - 2x) = \frac{3}{2}x^3(1 - \frac{2}{3}x) \tag{1.25}$$

sieht auf den ersten Blick sehr unzugänglich aus. Das täuscht aber, wie man durch Ausmultiplizieren und anschließendes Sortieren nach x-Potenzen sieht: Die linke Seite kann man in zwei vorsichtigen Schritten umformen zu

$$\frac{1}{2}x(x^2 - 1)(3 - 2x) = (\frac{1}{2}x^3 - \frac{1}{2}x)(3 - 2x) = \frac{3}{2}x^3 - \frac{3}{2}x - x^4 + x^2,$$

die rechte zu

$$\frac{3}{2}x^3 - x^4.$$

Die eingangs formulierte Gl. 1.25 ist also gleichbedeutend mit

$$\frac{3}{2}x^3 - \frac{3}{2}x - x^4 + x^2 = \frac{3}{2}x^3 - x^4.$$

Wenn man scharf hinschaut, sieht man, dass die komplette rechte Seite ebenfalls auf der linken Seite auftritt und somit auf beiden Seiten entfernt werden kann. Es verbleibt

$$-\frac{3}{2}x + x^2 = 0.$$

Das ist aber eine quadratische Gleichung (die Puristen können noch das x^2 nach vorne bringen, um vollständige Übereinstimmung mit der Definition herzustellen), sie hat die beiden Lösungen

$$x_1 = \frac{3}{2} \text{ und } x_2 = 0,$$

und falls wir unterwegs keine Umformungsfehler gemacht haben gilt das auch für die Ausgangsgleichung (1.25). Probieren Sie es doch mal aus, indem Sie diese beiden Werte in die Ausgangsgleichung einsetzen.

Eine zweite Situation, in der quadratische Gleichungen versteckt auftreten können, haben wir oben bei der Plauderei über den Goldenen Schnitt schon gesehen. Dort hat sich die Gleichung

$$\frac{x}{1} = \frac{x + 1}{x}$$

eine sogenannte **Bruchgleichung,** als Variante der quadratischen Gleichung

$$x^2 - x - 1 = 0$$

herausgestellt.
Ein weiteres, ähnliches Beispiel dieser Art stellt die Gleichung

$$x - 41 = \frac{40}{x - 2} \qquad (1.26)$$

dar.
Um diese zu glätten multipliziere zunächst mit dem Nenner $(x-2)$ durch, was mich auf die Gleichung

$$(x - 41)(x - 2) = 40,$$

also

$$x^2 - 43x + 82 = 40$$

bringt. Zieht man hier nun noch auf beiden Seiten 40 ab, erhält man die quadratische Gleichung in Normalform

$$x^2 - 43x + 42 = 0.$$

Keine Angst vor großen Zahlen! Die in der Regel zur p-q-Formel definierte Zahl d ist hier

$$d = \frac{43^2}{4} - 42 = \frac{1849}{4} - 42 = \frac{1849}{4} - \frac{168}{4} = \frac{1681}{4},$$

also positiv. Somit hat die quadratische Gleichung zwei Lösungen, und ohne viel Umschweife berechne ich diese als

$$x_1 = \frac{43}{2} + \sqrt{\frac{1681}{4}} = \frac{43}{2} + \frac{41}{2} = 42 \quad \text{und} \quad x_2 = \frac{43}{2} - \frac{41}{2} = 1.$$

Und diese beiden Werte sind tatsächlich auch Lösungen der Ausgangsgleichung (1.26), wie man durch Einsetzen des jeweiligen Wertes auf beiden Seiten der Gleichung nachprüft – das an dieser Stelle sonst übliche „mühelos" verkneife ich mir mal.

Plauderei

An Gleichungen wie der gerade behandelten können Sie übrigens auch einmal die Stärke der mathematischen „Formelsprache" erkennen, die bei den meisten Leuten verpönt ist und manchen geradezu Angst macht vor Mathematik. Völlig unnötig, denn Formeln dienen nur der Präzisierung und damit Verdeutlichung der Aussagen, hier der Aufgabenstellung.

Wenn Sie nämlich Gl. 1.26 in Worte fassen wollten, müssten Sie so etwas sagen wie: „Ich suche Zahlen, die die Eigenschaft haben, dass sie dasselbe Ergebnis liefern, wenn man einerseits 41 von Ihnen abzieht und andererseits 2 von ihnen abzieht und anschließend 40 durch den gerade erhaltenen Wert teilt."

Da versteht man noch nicht einmal die Aufgabenstellung, von einer Lösung ganz zu schweigen.

Und noch ein drittes und letztes Beispiel soll Ihnen zeigen, dass sich hinter Bruchgleichungen häufig „nur" quadratische Gleichungen verbergen.

Beispiel 1.10

Zu lösen sei

$$\frac{1}{x} = \frac{1}{x+1} - \frac{1}{x-1}. \tag{1.27}$$

Um hier alle drei Nenner loszuwerden muss ich leider mit ihrem Produkt durchmultiplizieren, da offenbar keiner der drei Nenner als Faktor in einem der anderen enthalten ist. Das liefert mir als Zwischenergebnis

$$\frac{x(x+1)(x-1)}{x} = \frac{x(x+1)(x-1)}{x+1} - \frac{x(x+1)(x-1)}{x-1},$$

und nach Kürzen der Faktoren, die in Zähler und Nenner gleichzeitig vorkommen,

$$(x+1)(x-1) = x(x-1) - x(x+1).$$

Nun geht es wieder ans Ausmultiplizieren: Ich erhalte dadurch

$$x^2 - 1 = x^2 - x - (x^2 + x),$$

also

$$x^2 - 1 = -2x$$

oder

$$x^2 + 2x - 1 = 0.$$

Auch diese quadratische Gleichung hat zwei Lösungen, nämlich

$$x_1 = -1 + \sqrt{1 - (-1)} = -1 + \sqrt{2} \quad \text{und} \quad x_2 = -1 - \sqrt{2}.$$

∎

Eine quadratische Gleichung kann sich sozusagen auch unter einer Wurzel verstecken, was uns ganz zum Schluss dieses Kapitels noch zum Thema **Wurzelgleichungen** bringt. Ein erstes Beispiel ist die Gleichung

$$\sqrt{x^2 + 2x + 6} + 3 = 0. \tag{1.28}$$

Um der Lösung dieser Gleichung näher zu kommen, muss man irgendwie die Wurzel loswerden, und da der natürliche Feind des Wurzelziehens das Quadrieren (also das Multiplizieren mit sich selbst) ist, bietet sich dieses hier an. Wenn man diese Operation allerdings auf die Gleichung in der hier angegebenen Form anwendet, muss man links die binomische Formel anwenden (oder zu Fuß ausmultiplizieren) und erhält

$$(\sqrt{x^2 + 2x + 6} + 3)^2 = (x^2 + 2x + 6) + 6 \cdot \sqrt{x^2 + 2x + 6} + 9.$$

Das kann man nun weiter zusammenfassen wie man will, die Wurzel wird man nicht loswerden.

Sehr viel besser ist es, die Ausgangsgleichung (1.28) zunächst in die Form

$$\sqrt{x^2 + 2x + 6} = -3$$

zu bringen, und dann erst zu quadrieren. Das liefert sofort

$$x^2 + 2x + 6 = 9,$$

also die quadratische Gleichung

$$x^2 + 2x - 3 = 0. \tag{1.29}$$

Ich hoffe, Sie haben über die ganzen Umformereien von Brüchen und Wurzeln die p-q-Formel nicht gänzlich vergessen. Diese können Sie nämlich nun auf (1.29) anwenden und erhalten die beiden Lösungen

$$x_1 = -1 + \sqrt{1 - (-3)} = -1 + 2 = 1 \quad \text{und} \quad x_2 = -1 - 2 = -3.$$

Wenn man sich nun aber zufrieden zurücklehnt und sich freut, zwei Lösungen der Gleichung gefunden zu haben, wird man bitterlich enttäuscht werden. Bei Wurzelgleichungen kann es nämlich vorkommen, dass man Lösungen der umgeformten Gleichung – hier der quadratischen Gleichung – findet, die aber nicht die eigentlich zu lösende Ausgangsgleichung erfüllen. Man spricht dann von **Scheinlösungen.**

Und genau das passiert hier: Wenn Sie die beiden Werte $x_1 = 1$ und $x_2 = -3$ in (1.28) einsetzen, erhalten Sie beide Male den Ausdruck

$$\sqrt{9} + 3 = 0,$$

der beim besten Willen nicht richtig ist. Es handelt sich also um zwei Scheinlösungen, und die Ausgangsgleichung selbst hat gar keine Lösungen.

Besserwisserinfo
Wieso kann es beim Lösen von Wurzelgleichungen zu Scheinlösungen kommen, also zu Lösungen der umgeformten Gleichung, die aber keine Lösungen der Ausgangsgleichung sind? Nun, das liegt daran, dass das zwischenzeitliche Quadrieren die Lösungsmenge der Gleichung verändern kann, denn Quadrieren ist nicht nur der natürliche Feind des Wurzelziehens, sondern auch der absolute Killer von negativen Vorzeichen; vornehm formuliert: Quadrieren ist keine Äquivalenzumformung.

Ein ganz einfaches Beispiel zeigt dies schon: Die Gleichung

$$-2 = 2$$

ist sicherlich auch bei großzügigster Auslegung der Algebra nicht richtig. Wenn ich aber beide Seiten der Gleichung quadriere, erhalte ich die korrekte Gleichung

$$4 = 4.$$

Um Sie nicht ganz so demotiviert aus diesem Kapitel zu entlassen, zeige ich Ihnen jetzt noch zwei Beispiele von Wurzelgleichungen, die sich wirklich lösen lassen.

Beispiel 1.11

a. Das erste Beispiel ist

$$x - \sqrt{210 + 37x} = 0. \qquad (1.30)$$

Man sollte immer versuchen, die Wurzel auf einer Seite des Gleichheitszeichens zu isolieren, und alles andere auf die andere Seite zu bringen. Das geht nicht immer, aber hier geht es ganz mühelos und ergibt

$$x = \sqrt{210 + 37x}.$$

Quadrieren beider Seiten liefert

$$x^2 = 210 + 37x,$$

also die quadratische Gleichung in Normalform

$$x^2 - 37x - 210 = 0.$$

Die Größe d habe ich in den letzten Beispielen sträflich vernachlässigt. Hier berechne ich sie nun wieder einmal explizit und finde

$$d = \frac{37^2}{4} - (-210) = \frac{1369}{4} + 210 = \frac{1369}{4} + \frac{840}{4} = \frac{2209}{4}.$$

Das ist nun die Stelle, wo man glaubt, man hätte sich verrechnet oder der Aufgabensteller hätte fiese krumme Zahlen verwendet, aber das scheint nur so: 2209 ist nämlich eine Quadratzahl, genauer gesagt ist $2209 = 47^2$, und daher hat die quadratische Gleichung die schön „glatten" Lösungen

$$x_1 = \frac{37}{2} + \sqrt{\frac{2209}{4}} = \frac{37}{2} + \frac{47}{2} = 42 \quad \text{und} \quad x_2 = \frac{37}{2} - \frac{47}{2} = -5.$$

Um sicherzugehen, dass wir nicht schon wieder umsonst gearbeitet und nur Scheinlösungen berechnet haben, setze ich diese Werte in die linke Seite von (1.30) ein und erhalte:

$$42 - \sqrt{210 + 37 \cdot 42} = 42 - \sqrt{1764} = 42 - 42 = 0;$$

also ist x_1 tatsächlich eine Lösung der Ausgangsgleichung. Bei $x_2 = -5$ sieht es nicht so gut aus, Einsetzen in (1.30) liefert hier

$$-5 - \sqrt{210 + 37 \cdot (-5)} = -5 - \sqrt{25} = -5 - 5 = -10,$$

also nicht null. $x_2 = -5$ ist also eine Scheinlösung.

b. Man löse

$$\sqrt{2x^2 + x + 1} - x = 1. \qquad (1.31)$$

Auch hier empfiehlt es sich dringend, die Wurzel auf der linken Seite zu isolieren, indem man auf beiden Seiten x addiert; das ergibt

$$\sqrt{2x^2 + x + 1} = x + 1,$$

eine Gleichung, die man mühelos quadrieren kann und dadurch erhält:

$$2x^2 + x + 1 = (x + 1)^2,$$

also

$$2x^2 + x + 1 = x^2 + 2x + 1.$$

Bringt man nun noch alles auf die linke Seite, erhält man die überschaubare quadratische Gleichung

$$x^2 - x = 0.$$

Entweder mit der p-q-Formel oder mithilfe der Zerlegung $x^2 - x = x(x - 1)$ findet man die beiden Lösungen dieser Gleichung:

$$x_1 = 1 \quad \text{und} \quad x_2 = 0.$$

Ich trau's mich ja kaum noch, aber setzen wir dennoch diese Werte in die Ausgangsgleichung (1.31) ein. Für $x_1 = 1$ ergibt sich auf der linken Seite

$$\sqrt{2 + 1 + 1} - 1 = \sqrt{4} - 1 = 2 - 1 = 1.$$

x_1 ist also tatsächlich Lösung. Solchermaßen ermutigt nehme ich mir nun noch $x_2 = 0$ vor und setze es ein. Ich erhalte

$$\sqrt{0 + 0 + 1} - 0 = \sqrt{1} = 1.$$

Auch x_2 ist also Lösung, nun haben wir also auch einmal eine Wurzelgleichung gesehen, die keine Scheinlösungen hat. ∎
Und das ist doch ein gutes Ende dieses Kapitels, finden Sie nicht auch?

Ungleichungen

2

2.1   Was für Ungleichungen sind hier gemeint?

Im letzten Kapitel ging es um Gleichungen, also um Aussagen, bei denen zwei oder mehr Ausdrücke durch ein Gleichheitszeichen verbunden sind und somit auch das Gleiche darstellen. Man *könnte* nun meinen, dass eine Ungleichung aus zwei oder mehr Ausdrücken besteht, die durch das Ungleichheitszeichen „$\neq$" verbunden sind und somit eben nicht das Gleiche darstellen.

Dem reinen Wortsinn nach wäre das auch richtig, aber Dinge wie $3 \neq 4$ sind nicht wirklich prickelnd, und auch „Ungleichungen" mit Unbekannten, also so etwas wie

$$x^2 + 2x - 15 \neq 0 \tag{2.1}$$

bringen nicht viel Neues. Hier wird nämlich nach allen Zahlen x gesucht, die die zugehörige Gleichung $x^2 + 2x - 15 = 0$ *nicht* erfüllen. Hierfür kann man aber einfach diese quadratische Gleichung mithilfe der p-q-Formel lösen (Achtung Lernzielkontrolle!) und findet $x_1 = 3$ und $x_2 = -5$. Somit wird die „Ungleichung" (2.1) von allen Zahlen gelöst, die nun nicht ausgerechnet gleich 3 oder -5 sind.

Bei einer Ungleichung im mathematischen Sinne will man es aber ein wenig genauer wissen und fragt danach, welcher der beiden Ausdrücke kleiner als der andere ist bzw. für welche Werte der Unbekannten x dies der Fall ist.

Dahinter steckt letzten Endes die Tatsache, dass die Zahlen, die wir so kennen, alle auf einer gerichteten Strecke, dem sog. **Zahlenstrahl,** angeordnet werden können, und das bedeutet, dass von zwei verschiedenen Zahlen (oder allgemeiner: Ausdrücken) immer eine kleiner ist als die andere und somit auf dem üblichen Zahlenstrahl weiter links als die andere zu finden ist (Abb. 2.1).

© Springer Fachmedien Wiesbaden GmbH, ein Teil von Springer Nature 2018
G. Walz, *Gleichungen und Ungleichungen*, essentials,
https://doi.org/10.1007/978-3-658-21669-6_2

Abb. 2.1 Der Zahlenstrahl

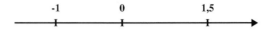

Sie wollen das ein wenig präziser haben? Bitte sehr:

> **Definition 2.1** Eine **Ungleichung** besteht aus (mindestens) zwei Ausdrücken,
> die durch eines der Zeichen $<$ („kleiner"), $\leq$ („kleiner oder gleich"),
> $>$ („größer"), oder $\geq$ („größer oder gleich") verbunden sind.

Beispiel 2.1
Beispielsweise ist $42 \geq 17$ eine solche Ungleichung, wenn auch keine sehr spannende, aber auch

$$x + 2 < 13 \tag{2.2}$$

ist eine Ungleichung, und zwar eine, die eine Unbekannte enthält und somit gelöst werden muss. Gesucht sind hier also diejenigen Zahlen x mit der Eigenschaft: Wenn man zu x noch 2 dazuzählt, ist das Ergebnis immer noch kleiner als 13. Auch ohne allzuviel Ahnung von Höherer Mathematik kommt man hier vielleicht darauf, dass das alle Zahlen sind, die kleiner als 11 sind. ∎

> **Besserwisserinfo**
> Beachten Sie den kleinen, aber feinen Unterschied zwischen den Zeichen $\leq$
> und $<$ (bzw. $\geq$ und $>$): Während bei $\leq$ Gleichheit der damit verbundenen
> Ausdrücke noch erlaubt ist, ist sie bei $<$ verboten.
>   Anders ausgedrückt: Die Aussage $42 \leq 42$ ist völlig richtig, wohingegen
> $42 < 42$ einfach nur falsch ist.

Da Sie vermutlich ebenso wenig Lust haben wie ich, immer vier verschiedene Formen einer Ungleichung zu diskutieren, will ich mich im Folgenden auf eine davon konzentrieren, und das aufgrund der folgenden Überlegung:

- Zwar ist die Bedeutung der Zeichen $\leq$ und $<$ wie gerade betont nicht dieselbe, aber die Methoden zur Umformung und damit Lösung der damit verbundenen Ungleichungen sind exakt die gleichen; daher werde ich mich im Folgenden auf die echten Ungleichungen, also mit $<$ oder $>$ verbundene Ausdrücke, beschränken.

- Offenbar bedeutet Ausdruck$_1$ < Ausdruck$_2$ genau dasselbe wie Ausdruck$_2$ > Ausdruck$_1$; daher werde ich im Weiteren nur mit < verbundene Ausdrücke betrachten.

Im Folgenden geht es um das Lösen von Ungleichungen, die eine Unbekannte enthalten. Was genau man unter „Lösen" versteht, habe ich zu Beginn des vorigen Kapitels bei den Gleichungen aufgeschrieben; vielleicht wollen Sie nochmal dahin zurückblättern, ich warte so lange hier.

2.2 Was darf man mit einer Ungleichung anstellen, ohne ihre Lösungsmenge zu ändern?

Zugegeben, die Überschrift habe ich mit Copy-and-Paste aus dem ersten Kapitel herübergeholt, man muss ja heutzutage effizient arbeiten.

Bei der folgenden Regel über erlaubte Manipulationen von Ungleichungen darf ich das allerdings nicht ohne Weiteres, sondern muss höllisch aufpassen; und Sie sollten das beim Lesen auch tun.

Regel
Die folgenden Manipulationen einer Ungleichung ändern nicht ihre Lösungsmenge und dürfen somit beliebig oft angewendet werden:

- Hinzuzählen oder Abziehen derselben Zahl auf beiden Seiten der Ungleichung
- Malnehmen beider Seiten der Ungleichung mit derselben *positiven* Zahl
- Teilen beider Seiten der Ungleichung durch dieselbe *positive* Zahl

Haben Sie den Unterschied zu den Gleichungen gefunden? Na ja, war vielleicht auch nicht so schwer, ich habe die Stelle ja extra kursiv geschrieben: Während bei Gleichungen das ~~Multiplizieren~~ Malnehmen und Teilen mit jeder Zahl außer der Null erlaubt ist, ist es hier nur mit positiven Zahlen gestattet.

Und das ist auch gut so: Beispielsweise ist die Ungleichung

$$-1 < 2 \qquad (2.3)$$

völlig richtig, denn -1 liegt nun einmal auf dem Zahlenstrahl weiter links als 2.
Wenn ich sie aber mit der negativen Zahl -3 malnehme, wird daraus

$$3 < -6$$

was sicherlich nicht richtig ist.

Was aber, wenn man aus irgendeinem Grund gezwungen ist, beide Seiten einer Ungleichung mit einer negativen Zahl malzunehmen? Nun, mit ein klein wenig Mehraufwand kann man auch das in den Griff bekommen. Ich schreibe das pedantischerweise wieder als Regel auf; diese ist als Ergänzung der vorigen zu verstehen.

Regel
Die folgenden Manipulationen einer Ungleichung ändern nicht ihre Lösungsmenge und dürfen somit beliebig oft angewendet werden:

- Malnehmen beider Seiten der Ungleichung mit derselben *negativen* Zahl bei gleichzeitigem Vertauschen beider Seiten
- Teilen beider Seiten der Ungleichung durch dieselbe *negative* Zahl bei gleichzeitigem Vertauschen beider Seiten

Wenn ich diese neue Regel beachte und wiederum die Ungleichung (2.3) mit -3 malnehme, wird nun daraus

$$-6 < 3,$$

was einen deutlich besseren Wahrheitswert hat als das oben ermittelte falsche Resultat.

Plauderei
In vielen anderen Büchern werden Sie am Ende der beiden Punkte der gerade formulierten Regel die Formulierung „... bei gleichzeitiger Umkehrung des Ungleichheitszeichens" finden; in diesem Fall wäre die Lösung von (2.3) also $3 > -6$. Das ist natürlich ebenso richtig wie – in aller Bescheidenheit – meine Formulierung oben, ich habe mich für sie entschieden, da ich mich wie weiter vorne geschrieben auf das „<"-Zeichen konzentrieren will; und ich kann manchmal ganz schön störrisch sein, fragen Sie meine Frau.

2.3 Lineare Ungleichungen

Ebenso wie bei den Gleichungen gibt es auch bei Ungleichungen einige Typen, die immer wieder vorkommen, und für die es daher „fertige" Lösungsformeln gibt. In diesem Text werde ich mich im Wesentlichen auf lineare Ungleichungen und Modifikationen davon konzentrieren; am Ende des Kapitels sage ich Ihnen auch, warum.

Ausnahmsweise will ich einmal kein Beispiel vorwegschicken – man wird älter –, sondern gleich die Definition angeben und hinterher durch Beispiele erklären.

Definition 2.2 Eine Ungleichung der Form

$$ax < b$$

mit reellen Zahlen a und b, wobei a nicht null sein darf, nennt man **lineare Ungleichung.**

Man fragt hier also danach, für welche Werte von x das Produkt ax kleiner ist als die vorgegebene Zahl b. Erste Beispiele hierfür sind

$$3x < 42 \tag{2.4}$$

oder auch

$$-2x < 12. \tag{2.5}$$

Was ist nun aber die Antwort auf diese Frage? Nun, im letzten Abschnitt hatte ich geschrieben, dass man beide Seiten einer Ungleichung durch dieselbe positive Zahl teilen darf, ohne ihre Lösungsmenge zu ändern. Das ist praktisch, denn sicherlich ist 3 eine positive Zahl, und deshalb darf ich beide Seiten von (2.4) durch 3 teilen und bekomme so den Faktor vor x weg. (Ich dürfte übrigens auch beide Seiten von (2.5) wie auch jeder anderen Ungleichung durch 3 teilen, aber sonderlich zielführend wäre das nicht. Nicht lustig? OK, vergessen Sie's.)

Nach dem Teilen durch 3 wird aus (2.4) der Ausdruck

$$x < 14,$$

und das ist auch schon die Lösung dieser Ungleichung; in Worten: Alle Zahlen, die kleiner sind als 14, lösen (2.4), beispielsweise 13, $\frac{371}{372}$, 0, -1 und -9999.
Alle Lösungen aufzählen kann ich hier nicht, denn es sind unendlich viele, und das ist ganz typisch für Ungleichungen: in der Regel haben sie im Gegensatz zu Gleichungen nicht nur endlich viele Lösungen.

Besserwisserinfo
Wenn Sie es ~~kompliziert~~ mathematisch korrekt formuliert haben wollen, müssen Sie die Lösungsmenge $\mathbb{L}$ von (2.4) etwa so beschreiben:

$$\mathbb{L} = \{x \mid x < 14\}.$$

So werden Sie das in vielen Mathematikbüchern finden – sollten Sie jemals wieder eines in die Hand nehmen –, ich werde hiervon aber kaum weiteren Gebrauch machen.

Werfen wir nun endlich einen Blick auf die Lösung von (2.5). Hier bietet es sich natürlich an, durch -2 zu teilen, um den Vorfaktor von x wegzubekommen. Das tue ich auch, muss dabei aber beachten, dass -2 negativ ist, und somit die erweiterte Regel über das gleichzeitige Vertauschen der Seiten zum Einsatz kommt. Langer Rede kurzer Sinn: Aus (2.5) wird

$$-6 < x.$$

Lösung dieser Ungleichung sind also alle Zahlen x, die größer sind als -6, also auf dem Zahlenstrahl weiter rechts liegen als diese Zahl.
Das gilt zum Beispiel für $x = -5$; setzen Sie diesen Wert doch mal zur Kontrolle in die linke Seite von (2.5) ein. Unter Beachtung der guten alten Regel „Minus mal Minus ergibt Plus" erhalten Sie $(-2) \cdot (-5) = 10$, und 10 ist zweifellos kleiner als 12.
Was ich gerade mit den speziellen Zahlen 3 und -2 gemacht habe, kann ich auch mit allgemeinen positiven oder negativen Vorfaktoren a der Ungleichung machen und erhalte so die folgende Regel zu deren Lösung:

Regel

Die Lösung der linearen Ungleichung $ax < b$ besteht aus allen Zahlen x, für die gilt:

$$x < \frac{b}{a}, \text{ falls } a > 0 \text{ ist,}$$

oder

$$\frac{b}{a} < x, \text{ falls } a < 0 \text{ ist.}$$

Zwei Beispiele hierfür hatten wir ja schon zuvor betrachtet (was auch wieder typisches Mathematikerdeutsch ist, denn vom Betrachten allein wird man die Lösung nicht bekommen), daher will ich jetzt nur noch eines nachschieben. Hierbei will ich Ihnen auch noch zeigen, dass es auf das Vorzeichen von b, der rechten Seite also, überhaupt nicht ankommt. b kann so negativ sein, wie es will, es ändert an der Regel nichts.

Beispiel 2.2

Zu lösen ist die lineare Ungleichung

$$-3x < -12. \tag{2.6}$$

Getreu der Regel muss ich nun -12 durch -3 teilen – das ergibt 4 –, und beide Seiten vertauschen. Ich erhalte die Lösung $4 < x$. Alle Zahlen x, die größer sind als 4, erfüllen also die Ungleichung (2.6). ∎

Als ziemlich willkürliches Beispiel setze ich einmal $x = 10$ ein und erhalte $-30 < -12$; und das ist richtig. Sie zögern? Nun, man muss sich bei negativen Zahlen immer wieder vor Auge halten, dass diejenige von zweien kleiner ist, die betragsmäßig größer ist. Ungewohnt, aber richtig. Oder vielleicht hilft Ihnen der schon mehrfach strapazierte Zahlenstrahl: Von zwei negativen Zahlen ist diejenige kleiner, die weiter links liegt; und das ist für -30 im Vergleich zu -12 sicher der Fall.

2.4 Lineare Ungleichungen, die man erst noch sortieren muss

Mit dieser etwas kryptischen Überschrift meine ich die Tatsache, dass lineare Ungleichungen nur selten gleich in der schön sortierten Form $ax < b$ auftreten werden. Meist muss man sie durch Trennen der mit x behafteten Anteile und der Konstanten erst in diese Form bringen.

Immer noch ziemlich kryptisch, zugegeben. Ich mache lieber ein Beispiel.

Beispiel 2.3
Zu lösen ist die Ungleichung

$$4x - 3 < 2(x - 2) + 5. \tag{2.7}$$

Ich löse zunächst auf der rechten Seite die Klammer auf und fasse hier auch gleich die Konstanten zusammen; das ergibt

$$4x - 3 < 2x + 1.$$

Nun ziehe ich auf beiden Seiten der Ungleichung $2x$ ab und addiere gleichzeitig 3. Das ergibt

$$2x < 4,$$

also eine lineare Ungleichung in Standardform. Ihre Lösung ist $x < 2$, und das ist damit auch Lösung der Ausgangsgleichung (2.7).

So geht das eigentlich immer, wenn in einer Ungleichung x nur linear, also ohne Hochzahl, und auch nicht als Input einer Funktion vorkommt, und auch nicht mit sich selbst multipliziert wird: Man multipliziert falls nötig aus, fasst zusammen und trennt anschließend wie Sondermüll alle mit x behafteten Ausdrücke von den Konstanten. Eine starre Regel gibt es hierfür nicht, ich illustriere die Vorgehensweise lieber nochmal durch ein Beispiel. ∎

Beispiel 2.4
Zu lösen ist die Ungleichung

$$-7x + 3 + 5(2x - 1) < -(x + 3) + 5,$$

deren Praxisrelevanz ich hier nicht diskutieren will; es ist eben ein weiteres Beispiel.

Ausnahmsweise ohne störende Zwischenkommentare gebe ich im Folgenden die Umformungsschritte an:

$$-7x + 3 + 10x - 5 < -x - 3 + 5$$
$$3x - 2 < -x + 2$$
$$4x < 4$$

Die Lösung hiervon überlasse ich vertrauensvoll Ihnen. Kleiner Tipp: Sie sollten nicht sehr weit weg von $x < 1$ landen.   ∎

Und das wars auch schon mit diesem kleinen Abschnitt, denn ich glaube, die Vorgehensweise konnte ich auch mit zwei Beispielen und ein paar ergänzenden Bemerkungen bereits klar machen.

2.5   Lineare Ungleichungen, denen man das nicht gleich ansieht

Ebenso wie Gleichungen – dort hatte ich unter der gleichen Überschrift die quadratischen exemplarisch behandelt – gibt es auch Ungleichungen, denen man ihre einfache Struktur nicht gleich ansieht. Ich zeige Ihnen einfach mal Beispiele.

Beispiel 2.5
Die Ungleichung
$$(x - 1) \cdot (1 + 2x) < x \cdot (2x + 5) + 5 \tag{2.8}$$

sieht auf den ersten Blick nicht sehr linear aus, aber wir werden sehen, dass das täuscht.

Um die Ungleichung zu vereinfachen, multipliziere ich zunächst beide Seiten aus; das führt zu
$$x - 1 + 2x^2 - 2x < 2x^2 + 5x + 5$$

Nun kann ich auf beiden Seiten $2x^2$ abziehen, was diesen quadratischen Ausdruck vollständig verschwinden lässt; es verbleibt einfach nur

$$-x - 1 < 5x + 5$$

oder

$$-6x < 6.$$

Lösung hiervon ist (Achtung, Lernzielkontrolle!)

$$-1 < x,$$

also alle Zahlen, die größer sind als -1.

Um Ihnen zumindest plausibel zu machen, dass wir hier keinen Unsinn machen, möchte ich einmal zwei Zahlen aus der Lösungsmenge in die Ausgangsgleichung einsetzen und sehen, ob sie ein wahres Ergebnis liefern. Das ist natürlich keine vollständige Probe, aber immerhin ein Test.

Die einfachste Zahl x, die mir zur Bedingung $-1 < x$ einfällt, ist $x = 0$. Wenn ich diesen Wert in (2.8) einsetze, wird daraus

$$-1 < 5,$$

also eine wahre Aussage.

Die nächste Zahl, die mir dazu einfällt, ist $x = 42$ (Mathematiker sind merkwürdige Menschen). Dieser Wert macht aus (2.8) die Ungleichung

$$3485 < 3743.$$

Auch das ist offensichtlich richtig.   ∎

Beispiel 2.6

Im zweiten und auch schon letzten Beispiel dieses kleinen Abschnitts geht es um die Ungleichung

$$x < (x^3 + x^2 + x + 1) \cdot (1 - x) + x^4. \tag{2.9}$$

Sieht auch nicht sehr linear aus, meinen Sie? Kann ich verstehen, aber das täuscht. Multipliziert man nämlich unverzagt die rechte Seite aus, erhält man

$$(x^3 + x^2 + x + 1) - (x^4 + x^3 + x^2 + x) + x^4.$$

Hier hebt sich aber so ziemlich alles weg, und es verbleibt nur eine schlichte 1; Ungleichung (2.9) lautet also einfach nur

$$x < 1,$$

und ist damit auch gleichzeitig schon gelöst.

Sie sehen also: Auch wenn eine Ungleichung zunächst gar nicht wie eine lineare aussieht, sollte man nicht verzagen und erstmal alles ausmultiplizieren, zusammenfassen und vereinfachen, was möglich ist. Vielleicht hat man ja Glück und alles Nichtlineare hebt sich weg.   ∎

2.6   Bruchungleichungen

Den ~~ekligsten~~ interessantesten Typ von Ungleichungen, den ich Ihnen vorstellen will, habe ich mir bis zum Schluss aufbewahrt: Ungleichungen, bei denen die Unbekannte (auch) im Nenner eines Bruchs vorkommt.

Beispiel 2.7
Ein erstes Beispiel hierfür ist

$$\frac{3x + 2}{x} < 4. \tag{2.10}$$

Möglicherweise denken Sie gerade: Wo ist eigentlich das Problem, man multipliziert beide Seiten mit x, dann verschwindet der Nenner auf der linken Seite und man hat eine wunderschöne lineare Ungleichung vor sich? Im Prinzip ist das auch richtig, ABER:

Achtung! Attention! Attenzione! Uffbasse!
Da man noch nicht weiß, ob der Nenner, also x, positiv oder negativ ist, und da es davon wiederum abhängt, ob man nach dem Durchmultiplizieren beide Seiten der Ungleichung tauschen muss oder nicht, muss man diese beiden Fälle unterscheiden und separat behandeln. Und genau das mache ich jetzt.

Fall 1: $0 < x$. In diesem Fall kann ich die Ungleichung (2.10) durchmultiplizieren, ohne etwas zu ändern, und erhalte

$$3x + 2 < 4x,$$

also die Bedingung

$$2 < x.$$

Nun muss man sich gegen Ende dieses Büchleins noch einmal gut konzentrieren: In diesem ersten Fall, den wir gerade untersuchen, muss x also zwei Bedingungen erfüllen: es muss aufgrund der Fallunterscheidung größer als 0 sein, und es muss als Ergebnis der Umformung größer als 2 sein. Im Allgemeinen sind dies also zwei Bedingungen, die zur Formulierung der Lösung beitragen werden, in diesem

Beispiel allerdings – und das wird sehr oft so sein – ist die zweite Bedingung schärfer als die erste (da jede Zahl, die größer als 2 ist, automatisch größer als 0 ist), weshalb hier in Wirklichkeit nur eine Bedingung übrig bleibt, nämlich

$$2 < x. \tag{2.11}$$

Fall 2: $x < 0$. In diesem Fall muss ich nach dem Durchmultiplizieren die beiden Seiten vertauschen und erhalte so

$$4x < 3x + 2,$$

also $x < 2$. Hier tritt nun ein ähnliches Phänomen wie im ersten Fall auf: Die Lösungen müssen die beiden Bedingungen $x < 0$ und $x < 2$ erfüllen; da die erste aber zweifellos die zweite impliziert, reduziert sich das Ganze in diesem zweiten Fall auf

$$x < 0. \tag{2.12}$$

Die gesamte Lösungsmenge der Ungleichung (2.10) besteht also aus allen Zahlen x, die entweder (2.11) oder (2.12) erfüllen, die also entweder größer als zwei oder kleiner als null sind.

Natürlich kann es vorkommen, dass im Nenner nicht nur ein isoliertes x steht; auch hierzu ein Beispiel. ∎

Beispiel 2.8
Zu lösen ist die Ungleichung

$$\frac{x-1}{2x+1} < 1. \tag{2.13}$$

Auch hier muss man die beiden Vorzeichensituationen des Nenners in zwei einzelnen Fällen unterscheiden.

Fall 1: $0 < 2x + 1$, also $-\frac{1}{2} < x$. In diesem Fall kann ich die Ungleichung (2.13) „einfach so" durchmultiplizieren und erhalte

$$x - 1 < 2x + 1,$$

also

$$-2 < x.$$

Die Unbekannte x muss also auch hier zwei Bedingungen erfüllen; sie muss aufgrund der Fallunterscheidung größer als $-\frac{1}{2}$ sein und sie muss als Ergebnis der Umformung größer als -2 sein. Und ebenso wie im ersten Beispiel ist eine der beiden Bedingungen – hier die erste – schärfer als die andere (da jede Zahl, die größer als $-\frac{1}{2}$ ist, automatisch größer als -2 ist), weshalb auch hier in Wirklichkeit nur eine Bedingung übrig bleibt, nämlich

$$-\frac{1}{2} < x. \tag{2.14}$$

Fall 2: $2x + 1 < 0$, also $x < -\frac{1}{2}$. Auch hier multipliziere ich die Ungleichung (2.13) durch, muss nun aber die beiden Seiten vertauschen umkehren und erhalte

$$2x + 1 < x - 1,$$

also $x < -2$. Wie in Fall 1 haben wir auch hier zwei Bedingungen an x, nämlich $x < -\frac{1}{2}$ und $x < -2$, von denen eine die andere automatisch nach sich zieht. Im Fall 2 ergibt sich also die Lösung

$$x < -2. \tag{2.15}$$

Mehr Fälle gibt es nicht, da $2x + 1$ sicher nicht null sein darf, sodass ich aus (2.14) und (2.15) die Lösungsmenge der Ungleichung (2.13) gewinnen kann; sie besteht aus allen Zahlen, die entweder größer als $-\frac{1}{2}$ oder kleiner als -2 sind.

Wenn Sie gegen Ende dieses Textes noch einmal in Formalsprache haben wollen: Die Lösungsmenge von (2.15) ist

$$\mathbb{L} = \left\{ x \in \mathbb{R} \mid x < -2 \text{ oder } -\frac{1}{2} < x \right\}.$$

∎

Ein drittes und – sei Ihnen zum Trost gesagt – letztes Beispiel soll Ihnen helfen, die Vorgehensweise einzuüben, und gleichzeitig zeigen, dass nicht in jedem Fall eine Lösung existiert.

Beispiel 2.9

Dieses letzte Beispiel betrifft die Ungleichung

$$\frac{2x - 6}{x - 1} < 0. \qquad (2.16)$$

Auch hier muss ich natürlich zwei Fälle unterscheiden:

Fall 1: $0 < x - 1$, also $1 < x$. In diesem Fall kann ich mit dem Nenner durchmultiplizieren, ohne die Seiten der Ungleichung zu vertauschen, und erhalte (da rechts mit null multipliziert wird) $2x - 6 < 0$, also

$$x < 3. \qquad (2.17)$$

Es gelten also die beiden Bedingungen $1 < x$ und $x < 3$. Diesmal impliziert keine der beiden die andere, sodass beide berücksichtigt werden müssen. Die Lösungsmenge besteht also aus allen Zahlen x, die gleichzeitig größer als 1 und kleiner als 3 sind, die also auf dem Zahlenstrahl zwischen 1 und 3 liegen.

Fall 2: $x - 1 < 0$, also $x < 1$. Auch hier kann ich mit dem Nenner durchmultiplizieren, muss nun aber die Seiten der Ungleichung vertauschen und erhalte $0 < 2x - 6$, also $6 < 2x$ oder

$$3 < x. \qquad (2.18)$$

Eine mögliche Lösung x der Ungleichung müsste also gleichzeitig kleiner als 1 und größer als 3 sein. So eine Zahl ist aber bis heute nicht erfunden, daher existiert in diesem Fall keine Lösung der Ungleichung (2.16), und die einzigen Lösungen sind die, die sich in Fall 1 ergeben hatten. ∎

~~Ich hatte völlig vergessen, Ihnen die Regel~~ Ich halte es zum Ende dieses Buchs für didaktisch angebracht, Ihnen die Regel zum Lösen solcher Bruchungleichungen erst nach den Beispielen anzugeben; wenn Sie sie gelesen haben, können Sie die drei Beispiele dieses Abschnitts vielleicht nochmal daraufhin durcharbeiten.

Regel

Zum Lösen einer **linearen Bruchungleichung** der Form

$$\frac{ax + b}{cx + d} < e,$$

wobei a, b, c, d und e Zahlen sind, und c und d nicht gleichzeitig null sein dürfen, geht man wie folgt vor:

- Man unterscheidet die beiden Fälle $0 < cx + d$ und $cx + d < 0$.
- *Fall 1:* $0 < cx + d$. Man multipliziert mit dem Nenner durch und erhält so die lineare Ungleichung

$$ax + b < ecx + ed,$$

die man mit den weiter vorne angegebenen Methoden löst. Anschließend muss man die so gewonnene Lösungsbedingung mit der Bedingung $0 < cx + d$ in Einklang bringen. Situationsabhängig können dabei die folgenden Fälle eintreten:

  - Eine der beiden Bedingungen impliziert die andere; dann muss man zur Formulierung der Lösung nur die schärfere Bedingung berücksichtigen.
  - Beide Bedingungen sind gleichzeitig erfüllbar und keine impliziert die andere; dann muss man zur Formulierung der Lösung beide Bedingungen berücksichtigen.
  - Die beiden Bedingungen widersprechen sich, d.h., bei Erfülltsein der einen ist die jeweils andere verletzt; dann gibt es in Fall 1 keine Lösung.

- *Fall 2:* $cx + d < 0$. Man multipliziert mit dem Nenner durch und erhält so die lineare Ungleichung

$$ecx + ed < ax + b.$$

Die weitere Vorgehensweise ist genau wie in Fall 1.

Besserwisserinfo
Nein, eigentlich keine Info, sondern mehr eine Aufforderung zum Nachdenken, denn inzwischen sind **Sie** der Besserwisser: Warum dürfen c und d nicht gleichzeitig null sein?

Damit sind wir auch schon gemeinsam am Ende dieses Büchleins angekommen. War doch gar nicht so schlimm, oder?

Wenn Sie übrigens darauf gewartet haben, dass ich Ihnen noch quadratische Ungleichungen näherbringe, so muss ich Sie enttäuschen: Quadratische Ungleichungen können ziemlich heftig sein, und da sich dieser Text laut Untertitel (auch) an Nichtmathematiker wendet, wollte und will ich Sie damit verschonen. Wir haben gemeinsam schon genug erreicht.

Was Sie aus diesem *essential* mitnehmen können

- Lineare Gleichungen haben stets genau eine Lösung, die man ganz einfach ermitteln kann
- Auch für quadratische Gleichungen gibt es fertige Lösungsformeln
- Oftmals kann man kompliziert aussehende Gleichungen, beipsielsweise Wurzel- oder Bruchgleichungen, auf quadratische oder sogar lineare zurückführen und somit ganz einfach lösen
- Das Lösen von Ungleichungen ist gar nicht so schwierig, wie man oft glaubt

© Springer Fachmedien Wiesbaden GmbH, ein Teil von Springer Nature 2018
G. Walz, *Gleichungen und Ungleichungen*, essentials,
https://doi.org/10.1007/978-3-658-21669-6

Literatur

Kemnitz, A. (2014). *Mathematik zum Studienbeginn* (11. Aufl.). Heidelberg: Springer-Spektrum.

Papula, L. (2014). *Mathematik für Ingenieure und Naturwissenschaftler* (Bd. 3). Wiesbaden: Vieweg + Teubner.

Rießinger, T. (2017). *Mathematik für Ingenieure* (10. Aufl.). Heidelberg: Springer.

Stingl, P. (2009). *Mathematik für Fachhochschulen* (8. Aufl.). München: Hanser Fachbuch.

Stingl, P. (2013). *Einstieg in die Mathematik für Fachhochschulen* (5. Aufl.). München: Hanser Fachbuch.

Walz, G. (2016). *Mathematik für Fachhochschule und duales Studium* (2. Aufl.). Heidelberg: Springer-Spektrum.

Walz, G., Zeilfelder, F., & Rießinger, T. (2015). *Brückenkurs Mathematik* (4. Aufl.). Heidelberg: Springer-Spektrum.

© Springer Fachmedien Wiesbaden GmbH, ein Teil von Springer Nature 2018   49
G. Walz, *Gleichungen und Ungleichungen*, essentials,
https://doi.org/10.1007/978-3-658-21669-6

Printed in the United States
By Bookmasters